BEI GRIN MACHT SICH IHR WISSEN BEZAHLT

- Wir veröffentlichen Ihre Hausarbeit,
  Bachelor- und Masterarbeit

- Ihr eigenes eBook und Buch -
  weltweit in allen wichtigen Shops

- Verdienen Sie an jedem Verkauf

Jetzt bei www.GRIN.com hochladen
und kostenlos publizieren

Martin Doskoczynski

Wo beginnt und endet Europa? Die EU aus Sicht der politischen Geographie

GRIN Verlag

Bibliografische Information der Deutschen Nationalbibliothek:

Die Deutsche Bibliothek verzeichnet diese Publikation in der Deutschen National-
bibliografie; detaillierte bibliografische Daten sind im Internet über http://dnb.d-
nb.de/ abrufbar.

Impressum:

Copyright © 2005 GRIN Verlag GmbH
Druck und Bindung: Books on Demand GmbH, Norderstedt Germany
ISBN: 978-3-640-11652-2

Dieses Buch bei GRIN:

http://www.grin.com/de/e-book/110415/wo-beginnt-und-endet-europa-die-eu-aus-
sicht-der-politischen-geographie

Seminararbeit

am Institut für Wirtschaftsgeographie

Hauptseminar „Die EU-25, ihre Regionen und ihre Regionalpolitik: Chancen und Risiken"

Sommersemester 2005

Wo beginnt und endet Europa?

Die EU aus Sicht der politischen Geographie

Martin Doskoczynski

Studiengang Wirtschaftsgeographie (Dipl.)

8. Fachsemester

Abgabetermin:

02.05.2004

Abbildungsverzeichnis

Abbildung 1: „Aufteilung Europas aus der Sicht eines US-amerikanischen Geographen 1961"

    Quelle: HOFFMANN, G.W. (1961): 12.

Abbildung 2: „Beständigkeit politischer Grenzen in Europa"

    Quelle: GEIGER, M. (1997): 4.

Abbildung 3: „Grenzlinie des geistigen, politischen und religiösen Einflusses der Völker im Osten". Quelle: MOLDEN, O. (1990): 59.

Abbildung 4: "Nationale Abstimmungen über den EU-Beitritt der 10 neuen Kandidaten (außer Zypern), Anteile der Ja-Stimmen". Quelle: KREIS, G. (2004): 79.

Abbildung 5: „'Europa als Prozess': Gründungsmitglieder und Beitrittsrunden".

    Quelle: http://de.wikipedia.org/wiki/Bild:EU_Erweiterung.png, basierend auf den Europakarten von der University of Texas Libraries, Abrufdatum 30.04.2005.

Abbildung 6: „Wohlstandsverteilung in den mitglieds- und Beitrittsländern 2003".

    Quelle: HAHN, B. (2004): 61.

1　Einleitung

Ein Europäer zu sein ist sehr viel schwieriger als z.B. ein Deutscher, ein Franzose, ein Brite oder ein Däne. In der allgemeinen menschlichen Vorstellung gibt es ein Bild von einem Deutschen oder einem Franzosen. Unabhängig davon, ob dieses Bild auf Stereotypen basiert, oder bestimmten Vorstellungen von Lebensart, Kultur und Geschichte unterliegt. Hinzu kommen ganz präzise geographische und bauliche Zuordnungen wie der Eiffelturm, das Schloss von Versailles, oder im Falle Deutschlands, der Rhein, das Brandenburger Tor, oder die Berliner Mauer.

Aber wer oder was ist ein „Europäer"? Ein Südspanier ist ein Europäer, doch ein Nordtunesier nicht, obwohl ein Südspanier dem Nordafrikaner sicher ähnlicher ist, als dem Lappländer, der ja auch ein Europäer ist. Warum endet Europa am Bosporus? Einerseits verläuft die östliche Grenze Europas am Ural, und andererseits ist die Vorstellung, dass z.B. die Ukraine zu Europa, oder gar zur EU gehören soll für manche absolut abwegig.

Die primäre und sehr alte Frage nach den geographischen Grenzen Europas ist in Zeiten der wachsenden Europäischen Union nicht minder aktuell als vor mehreren hundert Jahren. Es sei mal dahingestellt ob diese Frage überhaupt beantwortbar ist, viel wichtiger ist die Tatsache dass „Europa" eine gemeinsame Identität und Definition des eigenen Charakters braucht, um als ein übernationales politisches Gebilde existieren zu können. Je mehr die Nationalstaaten ihre Souveränität an die Europäische Union abgeben, umso dringender wird die Existenz einer gemeinsamen, „europäischen" Basis, mit der sich jeder Einzelne identifizieren kann. Zu dieser Basis gehört sowohl die Frage nach den geographischen Grenzen des Kontinents, als auch eine Auseinandersetzung mit der gemeinsamen Geschichte, Mentalität, Kultur und der Idee vom „gemeinsamen Haus Europa". Man kommt als Europäer nicht umhin auf die Frage „was ist eigentlich Europa" eine schlüssige Antwort parat zu haben, ansonsten fehlt der Europäischen Union und ihren Bürgern eine Legitimation, warum und auf welcher Basis sie denn ihre Einigung betreiben. Die wirtschaftlichen Kriterien sind sehr wichtig, legitimieren jedoch nicht immer das Streben nach einer politischen Union. Dazu sind weitere Kriterien notwendig, die den eigenen Charakter und die Grenzen des Kontinents, sowohl auf geographischer, als auch auf sozialer und politischer Ebene, aufzeigen.

2 Europas Grenzen – Was ist Europa?

Europa ist: „mit 10,5 Mio. km2 der viertgrößte, seiner Bevölkerung nach mit rund 706 Mio. Einwohnern der zweitgrößte Erdteil; eigentlich ein großes, reich gegliedertes westliches Endland Asiens, mit dem es den Kontinent Eurasien bildet. Als Grenze gegen Asien gelten Uralgebirge, Uralfluss, Kaspisches Meer, Manytschniederung. Die größten Halbinseln Europas sind Fennoskandia (Skandinavien und Finnland), Iberische (Pyrenäen-), Balkan- und Apenninhalbinsel." (vgl. BIBLIOGRAPHISCHES INSTITUT & F.A. BROCKHAUS (Hrsg.) (2002): Stichwort: „Europa"). Diese natürlichen Grenzen, ob Gebirge, Meere, Flüsse oder Meerengen markieren scheinbar eindeutig den Kontinent Europa. Doch beiderseits solch einer Grenze existieren Übergangsräume, d.h. diese Grenzen sind keinesfalls deutliche Trennlinien zwischen zwei Gebieten. Administrativ mögen solche Abgrenzungen eindeutig sein, doch soziologisch, sowie kultur- anthropogeographisch sind sie oft nur willkürlich gezogene Linien.

Besonders im Falle Europas und der Europäischen Union als übernationales politisches und wirtschaftliches Konstrukt, handelt es sich sowohl bei den Binnen- als auch den Außengrenzen vielmehr um politische Grenzen und kulturelle Grenzräume der Identität und Mentalität. Hinzu kommen imaginäre Grenzen, die in unseren Köpfen eine eigene Realität bilden und zuweilen stärker sind, als die sogenannten „realen Grenzen" (vgl. KREIS, G. (2004): 11). Natürlich muss man sich die Frage stellen wo denn die EU anfängt und aufhört, es ist jedoch ratsam aus der pragmatischen Sichtweise herauszuarbeiten, was denn die Europäer zusammen tun wollen und können, sowie welches die Grenzen der organisierbaren Größe der EU sind (vgl. KREIS, G. (2004): 11).

2.1 Räumliche Abgrenzung

Um sich nicht ausschließlich einer rein willkürlichen Grenzziehung zu unterwerfen, die im Falle des europäischen (Sub-)Kontinents zwar streitig, aber möglich ist, bietet HALECKI, O. (1957) einen anthropogeographisch und kulturgeschichtlich durchwachsenen Ansatz. So ist zusätzlich zu dem Attribut „natürliche Grenze" ebenfalls der Grad der Überwindbarkeit dieser zu betrachten. Ist dieser gering, konnten im Laufe der Geschichte sowohl Europäer, als auch angrenzende Völker und Kulturen die Grenze überwinden und die jeweils gegenüberliegende Seite erobern oder beeinflussen. So konnte sich im Laufe der Zeit der Kontinent vergrößern oder auch verkleinern. Diese Betrachtung sieht nicht einmal die angeblich klaren

Trennungslinien der Küsten und Meerengen als tatsächliche Grenzen, denn die Entwicklung der Schifffahrt, erlaubt ja ebenfalls diese zu Überwinden (vgl. HALECKI, O. (1957): 55, 56). Deswegen konnte sogar die stark christianisierte iberische Habinsel etwa von 711 – 1492 n.Chr. (bis zur sog. „reconquista) (vgl. BÄR, O. (1977): 70) von den Mauren, einer fremden, mohammedanischen Kultur, beherrscht werden, wodurch dieser Teil komplett von der europäischen Entwicklung isoliert war. Das gleiche gilt für die Ausbreitung des osmanischen Reiches nach Westen, praktisch bis in den mitteleuropäischen Kernraum hinein (vgl. HALECKI, O. (1957): 61-69). Besonders im letzten Fall wirken sich diese Eroberungen bis heute aus und manifestieren sich in der charakterlichen „Andersartigkeit" des Balkans, bis hin zu kriegerischen Auseinandersetzungen, von denen die Balkanhalbinsel permanent heimgesucht wird. Durch die erfolgreiche Zurückdrängung der Besatzungsmächte im Südwesten, wie auch im Südosten des Kontinents, kann man heute die Meerengen und das Mittelmeer als klare Grenzen des Kontinents ansehen. Dass es auch hier Grenzfälle geben wird, lässt sich nicht vermeiden, wie z.B. die Stadt Istanbul am Bosporus zeigt. Dies gilt ebenfalls für Teile der Ägäis und ganz besonders für die Insel Zypern, die einerseits auf der gleichen geographischen Länge wie Ankara liegt, aber andererseits bereits zur Europäischen Union gehört (der griechische Südteil).

Sogar die oft als eindeutig angesehene Abgrenzung gegen Westen ist nicht so selbstverständlich. So ist Großbritannien zwar geographisch eindeutig Europa zuzuordnen, war aber lange Zeit gleichzeitig das Zentrum eines weltweiten Commonwealth. Darüber hinaus ist es stark mit Nordamerika verbunden. Grönland kann gar als ein Teil Nordamerikas gesehen werden, gehört aber de facto zu Dänemark. Island ist nur deswegen ein Teil Europas, weil es traditionell stark mit Skandinavien verbunden ist (vgl. HOFFMANN, G.W. (1961): 7-8):

Viel problematischer ist jedoch die Abgrenzung gegen den asiatischen Kontinent im Osten. Russland wird hierbei oft als ein europäisches Land gesehen, da die russischen Wurzeln in Osteuropa liegen. Bereits PTOLEMÄUS und HERODOT machten sich Gedanken über die Zugehörigkeit des Landes nördlich und nordöstlich des schwarzen Meeres. Sie erkannten, dass dieses Land, welches sie „Sarmatien" nannten, sowohl einen europäischen als auch einen asiatischen Teil hatte. Mitte des letzten Jahrtausends hatte der russische Imperialismus seinen Höhepunkt erreicht, indem Russland über den Ural bis in den fernen Osten zur pazifischen Küste vordrang. Aus dem osteuropäischen, slawischen Reich und Volk, wurde ein Vielvölkerstaat, zu dem große Teile Asiens gehören, die praktisch kolonisiert wurden und mit der europäischen Entwicklung nichts zu tun hatten. Der Ural und v.a. das Gebiet zwischen seiner Südspitze und dem kaspischen Meer, boten umgekehrt asiatischen Eindringlingen ein leicht zu überwindbares Einfallstor nach Europa (vgl. HALECKI, O. (1957): 74-77). Hier liegt ein Gebiet in dem die Grenzziehung am umstrittensten ist. Es handelt sich dabei vielmehr um einen mehrere hundert Kilometer breiten Grenzraum, wobei heute der Uralfluss und das Kaspische Meer als Grenzen gelten. Weiterhin umstritten ist das Gebiet des Kaukasus. Obwohl die Bergkette des Kaukasus eine natürliche, oder die Manytschniederung eine rein morphologische Grenze darstellen, befinden sich südlich davon Georgien und Armenien, die als Zentren altchristlicher Kultur gelten (vgl. HALECKI, O. (1957): 76). Selber sehen sich diese beiden, aus der Sowjetunion hervorgegangenen Republiken, aufgrund der Geschichte und Kultur eher dem europäischen, als dem asiatischen Kontinent zugehörig (vgl. KÜHNHARDT, L.; PÖTTERING, H.-G. (1998)103-112). Der Bereich zwischen Ural und dem Schwarzen Meer ist aufgrund seiner physisch geographischen und kulturellen Gegebenheiten folglich der am schwersten zu definierbare Grenzbereich zwischen Europa und Asien.

2.2 Geschichtliche und kulturelle Abgrenzung

Ein Schulbuch von BÄR (1977) führt folgende geschichtliche und kulturelle Merkmale Europas auf: Ursprungsraum wichtiger Kulturen, Entwicklung der naturwissenschaftlich-technischen Zivilisation, Erforschung und Europäisierung großer Teile der Erde, Vielfalt von Sprachen und Lebensweisen, sowie ein Nebeneinander mittlerer, kleiner und kleinster Staaten (vgl. BÄR, O. (1977): 9). LEHMANN macht ganz deutlich die geographischen Voraussetzungen für die Bildung „europäischer Kultur" verantwortlich. Diese wären Lagebeziehungen zu den wichtigsten Ursprungsgebieten altweltlicher Hochkultur und eine reiche Gliederung, welche die einzelnen Teile auf eine maßvolle Größe beschränkt und eine kulturelle Durchdringung erleichtert. Das begünstigt die Bildung eines Mosaiks individueller Nationen. Die Wanderungsströme sorgten für einen dauernden Kontakt zwischen den kulturellen Strömungen des mediterranen Europa und der transalpinen nordisch-atlantischen Komponenten (vgl. LEHMANN, H. (1978): 11)

. Aus diesen Ausführungen geht bereits hervor, dass Europa geschichtlich und v.a. kulturell nur schwerlich als eine Einheit zu betrachten ist. Die bekannteste und wahrscheinlich zutreffendste Formel, welche die europäische Gemeinschaft in dieser Hinsicht definiert ist wohl: „Einheit in kultureller Vielfalt". Laut dem Historiker DUCHARDT kann man diesbezüglich acht Elemente unterscheiden: soziale Prägung durch christliche Normen (z.B. Bejahung des Lebens, Monogamie, Arbeitsamkeit), normierende Funktion des Rechts, Mitwirkungsrechte der Untertanen, Individualrechte, gemeinsame Verständigungssprache der Eliten, Verwandtschaften des Hochadels, Expansion und Definition über die Nicht-Europäer, sowie kleinräumige Konkurrenz (vgl. DUCHARDT, H. (2000): 1-14). SCHMIDT-PHISELDEK kam bereits 1821 auf ähnliche Ergebnisse, in dem er einen europäischen Kulturbegriff festlegte, dem folgende Elemente zugrunde liegen: die Gleichheit von Institutionen und Verfassungen in Europa, die Gleichheit des bürgerlichen Lebensstils, die kommunikative Vernetzung von Lissabon bis St. Petersburg, von Stockholm bis Neapel, die Gleichheit des geistigen Kulturstandes, die Europäer als Maßstab der Menschheit, und das christliche Europa (vgl. SCHMALE, W. (2000): 148). V.a. Expansion und Definition über die Nicht-Europäer, sowie kleinräumige Konkurrenz bei DUCHARDT zeigen, dass es keine Einheitlichkeit gibt, sondern dass sich Europa eben über Diversität, und Auseinandersetzung in Konkurrenz definiert. SCHMALE (2000) befasst sich mit dem Begriff des „europäischen Menschen" und stellt in diesem Zusammenhang ebenfalls fest, dass das europäische Selbstverständnis seit der Antike wichtige Impulse aus dieser Abgrenzung gegenüber anderen Kulturen, v.a. in Bedrohungssituationen erhalten hatte (z.B. Griechen/Perser, Karolinger/Araber, Christenheit/Osmanen) (vgl. SCHMALE, W. (2000): 39). Hierbei liegen die größten Konfliktpotentiale mit sog. „Nicht-Europäern", also Nationen, denen man den Zugang zu Europa (an dieser Stelle ist die EU gemeint) verwehrt. Diese können sich berechtigterweise fragen, wieso sie denn als nicht europäisch angesehen werden, wenn sich Europa nicht einmal selber definieren kann, sich aber über dem Umweg des Ausschlusses anderer, als Gemeinschaft legitimiert. Zum religiösen Element in Europa, der erst wieder bei der Diskussion über die neue Europäische Verfassung aktuell war, ist zu sagen, dass Europa in erster Linie eine Rechtsgemeinschaft und keine Glaubensgemeinschaft sein sollte. Viele der Werte, auf denen das neue Europa nun basiert, leiten sich aus der christlichen Religion ab, doch viel wichtiger ist die erreichte Säkularisierung und Entkirchlichung (vgl. KREIS, G. (2004): 55-56) und die damit einhergehende Religionsfreiheit des Individuums .

Der geistige Höhepunkt in der Geschichte und Kultur Europas ist wohl in der frühen Neuzeit auszumachen. Dieser manifestierte sich zunächst in der Renaissance und dem Humanismus, um dann in der Aufklärung und Wissenschaft zu münden. Der Hochschätzung der Bedeutung des einzelnen Menschen mit seinen Fähigkeiten, der Anerkennung der unverwechselbaren Individualität, der Bejahung der Lebensfreude und des Lebensgenusses, folgte die Säkularisierung und eine Befreiung des Verstandes sowie des Individuums (s. KANT (1784) in *Was ist Aufklärung*: „Die Aufklärung ist der Ausgang des Menschen aus seiner selbstverschuldeten Unmündigkeit.") (vgl. SCHOLZ, D. (1999): 46-56). Die in dieser Zeit hervorgegangenen Ideen in der Philosophie, Politik und weiteren Wissenschaften sind ein wichtiger Bestandteil der Identität Europas, und sind Vorbild für andere Nationen wie z.B. die Vereinigten Staaten von Amerika. Aus der Sicht TIBIs (1998), der sich mit Problemen multikultureller Gesellschaft in Europa beschäftigt, gehört Toleranz zu den wertvollsten Errungenschaften Europas, die aus der Aufklärung und als Gegensatz zum Kolonialismus und Faschismus entstanden ist (vgl. TIBI, B. (1996): 33).

Es wird oft von „Europäisierung" gesprochen, was als ein rascher Siegeslauf in Form der Eroberung der Erde durch die europäische Kultur aufgefasst werden kann. Obwohl diese jünger ist als die Hochkulturen Ägyptens, des Zweistromlandes, Vorderindiens oder Chinas, hat sie sich zu einer Form einer materiellen und geistigen Kultur entwickelt, die einen Schleier einer „europäischen Zivilisation" trägt (vgl. LEHMANN, H. (1978): 11).

Die europäische Geschichte ist, eben auch aufgrund der kulturellen Vielfalt und verschiedenster nationaler Interessen, die in einem kleinräumigen Feld aufeinandertreffen, eine blutige Geschichte voller Konflikte und Kriege. Wenn bei den Anstrengungen zu einer Einigung, die Geschichte bemüht wird, dann sind es v.a. die negativen Erfahrungen nationalistischer Rivalitäten, totalitärer Herrschaft, wiederholter Kriege und Massenmorde (vgl. KREIS, G. (2004): 50). Die 60 Jahre Frieden in diesem Jahr, sind die längste Periode in unserer Geschichte ohne verheerende militärische Konflikte in Mitteleuropa. Von der Kultur des Krieges und der Eroberung sind wir im Laufe der Zeit zu einer Kultur des Neben- und Miteinanders übergegangen. Alle Modelle eines zentralistischen Gebildes unter der Führung einer durch bestimmte nationale (und hier teilweise auch rassische), kulturelle, religiöse oder ständische Eigenschaften definierte Elite, haben im Laufe der Geschichte versagt. Das beginnt beim Römischen Reich, führt über die Zeiten Karls des Großen, Napoleons, bis zur teilweise erreichten Herrschaft Nazi-Deutschlands über Europa, und endet schließlich im blutigen Zerfall des Vielvölkerstaates Jugoslawien in den 90er Jahren des letzten Jahrhunderts. Das zeigt ganz deutlich, dass es eben nur diese „Einheit in Vielfalt" geben kann, unter Wahrung des Bottom-Up-Prinzips, in unserem Falle auch als ein „Europa der Regionen" zu bezeichnen. Eine zu starke Zentralisierung, auch wenn sie nach dem Prinzip der Gleichbeteiligung aller Mitglieder der EU funktionieren sollte, könnte viele Konflikte wieder neu aufleben lassen. Bestätigt wird diese These durch den immer wieder neu auftretenden Wunsch nach

Selbstständigkeit oder teilweisen Autonomie wie z.B. im Falle Nordirlands und des Baskenlandes, sowie der Minderheitenprobleme v.a. im Falle der neuen EU-Mitglieder (z.B. Sinti und Roma, Ungarn in der Slowakei, Russen in den baltischen Ländern). Das Heidelberger Institut für Konfliktforschung e.V. zählte 2003 ganze 38, teils latente, teils bereits manifeste Konflikte in Europa auf (inkl. Kaukasus), von denen mit Abstand die meisten ethnische Probleme und Minderheitenfragen betreffen (vgl. HIIK (2003)). Hier liegt neben der Erhaltung und Erhöhung des Lebensstandards, zweifelsfrei die andere große Herausforderung Europas. Die EU muss für diesen „Flickenteppich" an Kulturen und Nationen genügend Kraft entfalten um die starke Kohäsion zu generieren und zu erhalten, die dieser Kontinent braucht.

2.3 Politik und Wirtschaft in Europa

Der Kontinent Europa lässt sich momentan in 2 verschiedene Einheiten gliedern: in Länder, die politisch zur Europäischen Union gehören, und Länder, die zwar in Europa liegen, jedoch keine Mitglieder der EU sind. Die EU setzt auf dem Kontinent eindeutig Maßstäbe, was die angestrebte politische Konsistenz und wirtschaftliche Leistung eines europäischen Staates anbetrifft. Das zeigen v.a. die aktiven Bestrebungen fast aller europäischen Länder, früher oder später Mitglied der EU zu werden. Die politischen Leitideen des modernen Europa entstanden hauptsächlich während der französischen Revolution und der Aufklärung. Primär geht es dabei um die Schaffung souveräner Nationalstaaten mit einer Entwicklung hin zu einem liberal-demokratischen Rechtstaat (vgl. SCHOLZ, D. (1996): 40). Die in vorhergehenden Punkten erläuterten Eigenschaften und Gemeinsamkeiten Europas, bilden die Basis für die politische Leitidee von einem „Zusammenschluss demokratischer europäischer Länder, die sich der Wahrung des Friedens und dem Streben nach Wohlstand verschrieben haben" (vgl. EUROPÄISCHE GEMEINSCHAFTEN (Hrsg.) (1995-2005)). Diese Leitidee entstand hauptsächlich aus der leidvollen Erfahrung des zweiten Weltkrieges. Als Werkzeug zur Erreichung des Friedens als auch Wohlstandes dient die sog. „Europäische Integration". Dabei handelt es sich um die Errichtung gemeinsamer Organe durch die Mitgliedsstaaten der EU, wobei Teile der einzelstaatlichen Souveränität an diese Organe übertragen werden. Die EU verfügt über einen einheitlichen institutionellen Rahmen und die „Europäische Integration" ruht auf drei Pfeilern: Der Europäischen Gemeinschaft (EG), der Gemeinsamen Außen- und Sicherheitspolitik (GASP) und der polizeilichen und justiziellen Zusammenarbeit in

Strafsachen (vgl. VON BARATTA, M. (Hrsg.) (2003): 1087). Der Vertrag über die Europäische Union (in der aktuellen Fassung als „Vertrag von Nizza") regelt die Aufgaben und Ziele der Europäischen Institutionen und der Europäischen Integration. Zusammengefasst sind das:

- die Förderung des wirtschaftlichen und sozialen Fortschritts und eines hohen Beschäftigungsniveaus sowie die Herbeiführung einer ausgewogenen und nachhaltigen Entwicklung, insbesondere durch Schaffung eines Raumes ohne Binnengrenzen, durch Stärkung des wirtschaftlichen und sozialen Zusammenhalts und durch Errichtung einer Wirtschafts- und Währungsunion,

- die Behauptung ihrer Identität auf internationaler Ebene, insbesondere durch eine Gemeinsame Außen- und Sicherheitspolitik, wozu auch die schrittweise Festlegung einer gemeinsamen Verteidigungspolitik gehört, die zu einer gemeinsamen Verteidigung führen könnte;

- die Stärkung des Schutzes der Rechte und Interessen der Angehörigen ihrer Mitgliedstaaten durch Einführung einer Unionsbürgerschaft;

- die Erhaltung und Weiterentwicklung der Union als Raum der Freiheit, der Sicherheit und des Rechts, in dem in Verbindung mit geeigneten Maßnahmen in Bezug auf die Kontrollen an den Außengrenzen, das Asyl, die Einwanderung sowie die Verhütung und Bekämpfung der Kriminalität der freie Personenverkehr gewährleistet ist;

- die volle Wahrung des gemeinschaftlichen Besitzstands und seine Weiterentwicklung, wobei geprüft wird, inwieweit die durch diesen Vertrag eingeführten Politiken und Formen der Zusammenarbeit mit dem Ziel zu revidieren sind, die Wirksamkeit der Mechanismen und Organe der Gemeinschaft sicherzustellen (vgl. EUROPÄISCHE GEMEINSCHAFTEN (Hrsg.) (1995-2005)).

Eine weitere sehr ergiebige politische Quelle Europas, ist der Verfassungsentwurf für die EU, der ab etwa 2006 in Kraft treten soll. Dies ist abhängig von der Zustimmung der einzelnen Staaten, wird aber nach Meinung des Verfassers dieser Arbeit, mit hoher Wahrscheinlichkeit in dieser oder nur leicht veränderter Form früher oder später in Kraft treten. In diesem staatsrechtlich verbindlichen Dokument werden die Ziele präzisiert. Zusätzlich werden verbindliche Werte der EU festgehalten. Diese wären: Achtung der Menschenwürde, Freiheit, Demokratie, Gleichheit, Rechtsstaatlichkeit, Wahrung der Menschenrechte, Pluralismus, Toleranz, Solidarität, Gerechtigkeit und Nichtdiskriminierung (vgl.: EUROPÄISCHER KONVENT (Hrsg.) (2003): 5, Art.2).

Das ist sehr breit gefächert, und manche dieser Punkte sind von politischen Entscheidungsträgern durchaus verschieden interpretierbar. Doch innerhalb Europas handelt es sich wahrlich um Universalwerte, deren Auslegung sehr knapp bemessen ist und deren Einhaltung institutionell überwacht wird (z.B. durch eine unabhängige Justiz).

Aus der Sicht dieser Verfassung ist die Grenze Europas, oder in diesem Sinne der EU, sehr klar abgesteckt. Zur Union können diese europäischen (hier im geographischen Sinne) Staaten gehören, die ihre Werte (die der Union) achten und sich außerdem verpflichten diesen Werten gemeinsam Geltung zu verschaffen (vgl. EUROPÄISCHER KONVENT (Hrsg.) (2003): 5, Art.1(2)).

Das „Streben nach Wohlstand" und die „Förderung des wirtschaftlichen und sozialen Fortschritts" sind nicht weiter definiert. Doch es ist ebenfalls im Verfassungsentwurf verankert, dass die Union ihren Bürgern einen „Binnenmarkt mit freiem und unverfälschtem Wettbewerb" bietet, sowie „eine im hohen Maße wettbewerbsfähige soziale Marktwirtschaft" anstrebt (vgl. EUROPÄISCHER KONVENT (Hrsg.) (2003): 6, Art.3(2,3)). Somit ist sowohl die Wirtschaftsordnung, als auch ihre soziale Komponente bereits in der Verfassung festgelegt. Folglich könnte rein hypothetisch ein Land mit Planwirtschaft oder auf der Basis einer freien Marktwirtschaft, jedoch gänzlich ohne soziale Sicherungssysteme, der EU nicht beitreten.

Was die Wirtschaftskraft anbetrifft, setzt Europa ebenfalls globale Maßstäbe. 5 von 10 Staaten mit dem weltweit absolut höchsten Bruttoinlandsprodukt (2001) liegen in Europa und sind gleichzeitig Mitglieder der EU. Von den weltweit 10 reichsten Staaten (BSP/Einwohner (2001)) liegen nur die USA und Japan außerhalb Europas, von den 8 europäischen Staaten sind 5 Mitglieder der EU (vgl. VON BARATTA, M. (Hrsg.) (2003): 1142). Somit wird klar dass die Grenze Europas ebenfalls eine Grenze zwischen arm und reich ist.

Hinzu kommen jedoch auch die enormen wirtschaftlichen Disparitäten in der EU. Besonders nach der Osterweiterung im Mai letzten Jahres macht sich das über wirtschaftliche Indikatoren sehr deutlich bemerkbar. So variiert das BIP je Einwohner (in Kaufkraftstandards) nach dem neuesten Bericht von EUROSTAT von 32% des EU-Durchschnitts in der Region Lubelskie in Ostpolen, bis 315% in der Region Inner London (vgl. EUROPÄISCHE GEMEINSCHAFTEN (Hrsg.) (1995-2005): Eurostat) (auf Länderebene vgl. Abb.6). Es ist jedoch davon auszugehen, dass sich solche extremen Unterschiede zunehmend ausgleichen werden, was nicht heißt, dass es auch in Zukunft keine ärmeren und reicheren Regionen in der EU geben wird.

2.4 Inneres Gefüge

Das innere Gefüge Europas ergibt sich aus kulturellen und geschichtlichen Gemeinsamkeiten, historischen und politischen Umwälzungsprozessen, sowie der Tatsache, dass Europa ein kleinräumig gegliederter Kontinent mit vielen verschiedenartigen Nationalstaaten ist. Die Beständigkeit innereuropäischer Grenzen ist dabei sehr gering (vgl. Abb.2). Der wichtigste Aspekt ist die Schwerpunktverlagerung, welche sich in einige aufeinanderfolgende Schritte gliedern lässt. Die Wurzeln europäischer Kultur liegen im Altertum im Mittelmeerraum, wo der Kontinent in Verbindung mit den alten Hochkulturzentren Asiens und Afrikas in Verbindung getreten ist. In Kontakt mit Ägypten und Babylon bildete sich eine mediterrane Kultur aus (z.B. Minoische und Mykenische Kultur). Daraus resultierte die griechische Kultur (ca. 1000 v.Chr.), aus der sich erstmalig der Geist Europas formt. Neben die bahnbrechenden Leistungen Griechenlands in der Philosophie, der Dichtung und der bildenden Kunst, traten das Rechtsdenken, die Technik und die Organisationsgabe Roms – das römische Weltreich ist in erster Linie als ein zirkummediterranes zu sehen. Die militärische und staatsmännische Begabung der Römer mündete in einem politischen Zusammenschluss der Mittelmeerländer. Bis zum frühen Mittelalter lag der Schwerpunkt Europas in Süden, ob in Athen, Byzanz, oder Rom. Erst nach der Verschmelzung keltischer Grundelemente mit germanischen Stämmen verschiebt sich der Schwerpunkt zu Frankreich und Großbritannien, im Entdeckungszeitalter auf die iberische Halbinsel. Das slawische Osteuropa blieb dem Osten zugewandt (mit Moskau als Zentrum) und erwies sich aufgrund der Übernahme der orthodoxen Religion als der Erbe Ostroms (vgl. LEHMANN, H. (1978): 12).

Dieser kurze geschichtliche Ausriss soll verdeutlichen, dass dies was wir heute als Kerneuropa verstehen, nicht gleichzusetzen ist mit dem geschichtlichen Kerneuropa, welches eindeutig im östlichen Mittelmeer zu finden ist. Darüber sollte man sich stets der Tatsache bewusst sein, dass bestimmtes, vorherrschendes Europabild, stets nur ein Abbild des Kontinents ist, welches über die momentane geopolitische und wirtschaftliche Situation generiert wird. Es ist niemals ein allumfassender Begriff, weil das innere Gefüge Europas, wie wohl auf keinem anderen Kontinent, von permanenter zeitgeschichtlicher Veränderung betroffen ist und sozusagen mehr ein „Prozess", als eine statische Erscheinung (vgl. Abb.2). Fixiert wird es erst dann, wenn der Aufbauprozess der Europäischen Union seinen Endpunkt erreicht, doch hier stellt sich zwangsweise die Frage, wann, oder ob überhaupt, dieser jemals erreicht werden kann.

So ist jede Ansicht Europas, eine relative Ansicht, denn diese ist sehr stark geprägt von der Perspektive, aus der dieser Kontinent betrachtet wird. Sehr wesentlich für eine vernünftige Betrachtung und Differenzierung ist, dass man sich als Europäer von jeglicher Überheblichkeit befreit. So ist vieles was heute als wirtschaftliche und politische „Peripherie" gesehen wird früher sehr wohl ein Zentrum gewesen, und umgekehrt. Für ENZENSBERGER, der zweifelsohne zum Kreis zeitgenössischer deutscher Intellektueller gezählt werden kann, stellte sich z.B. Portugal in einem sehr dubiosen Licht dar, als „Arsch Europas, ein Land wo die finsterste zivilisatorische Vergangenheit noch zu finden ist, von einem tiefen Fatalismus gelähmt, wo alles noch wie früher in Mitteleuropa, wie im Museum, oder Ladenfenster zu bewundern ist" wie sich ein portugiesischer Europäer Anfang der 90er Jahre des vergangenen Jahrhunderts beklagte (vgl. BARRENTO, J. (1991): 17). Dass Portugal einst ein machtvolles Kolonialreich, und eine lange Zeit ein europäisches Zentrum gewesen ist, blendet ENZENSBERGER einfach aus. Das gleiche gilt für die wirtschaftliche Betrachtung, denn erst mit dem Zusammenbruch des letzten europäischen faschistischen Regimes in den 1970er Jahren konnte sich das Land wirtschaftlich entwickeln, ganz im Gegensatz zu Westdeutschland, das mit US-amerikanischer Hilfe bereits seit Ende des 2.WK aufblühen konnte.

Spätestens an dieser Stelle gelangt man zu der Betrachtung der Gliederung Europas in Nord-, Süd-, West- und Osteuropa. Dass diese Differenzierung rein vom politischen Gedanken beherrscht wird, hat man spätestens seit dem Fall des „Eisernen Vorhangs" im Jahre 1990 gemerkt. In den Zeiten des Kalten Krieges war es leicht anhand der Machtblöcke Europa zu gliedern, so stellte MEYER 1955 fest „that Central Europe no longer exists...,'Mitteleuropa', that first principal of German thought has gone..." (vgl. SCHENK, W. (1995): 29). Eine andere Sichtweise vertritt HOFFMANN, der Mitteleuropa als den deutschsprachigen, europäischen Raum sieht (vgl. Abb.1), wobei Osteuropa folglich die Staaten des RWG bilden, die UdSSR bleibt dabei eine eigene Einheit. Die bereits erwähnte Perspektive bestimmt den Begriff heute. Dieser ist historisch vorbelastet, da er oft das Streben der Deutschen nach einer Vormachtstellung in Mitteleuropa legitimierte. KUNDERA, der in Paris lebende tschechische Schriftsteller, sah in Mitteleuropa die Staaten zwischen Deutschland und Russland, die politisch zwar zum Ostblock, kulturell jedoch zum Westen gehörten.

In diesen Zeiten der Spaltung war der Begriff v.a. für Polen, Tschechoslowaken und Ungarn ein Synonym der Zugehörigkeit zu Europa und diente der Absetzung gegenüber dem Ostblock (vgl. REHDER, P. (Hrsg.) (1992): 421-422). Wirtschaftlich gesehen lag die Grenze zu Westeuropa an der Grenze der beiden Machtblöcke.

Nach dem Zusammenbruch des „kommunistischen" Systems, wollten die betroffenen Staaten so weit wie möglich in die Mitte Europas zurückkehren, oder gar gleich darin aufgehen. Problematisch dabei ist, dass sich das östliche Erbe dieser Region nicht nur auf die Zeit der sowjetischen Beherrschung beschränkt, sondern v.a. in der Sozial- und Wirtschaftentwicklung tiefergehende Wurzeln hat (vgl. JAWORSKI, R. (1991):693).

V.a. mit dem Aufnahmeprozess der meisten Länder des Ostblocks in die EU („Rückkehr nach Europa"), hat sich ein perspektivneutralerer Begriff von „Ostmitteleuropa", „Mittelosteuropa" (als „MOEL" bezeichnet) bzw. „Südosteuropa" für die postkommunistischen Länder der Balkanhalbinsel etabliert.

3 Die Europäische Union – der „Prozess Europa"

3.1 Die rolle Kerneuropas und die ersten Erweiterungen

Das Kernland der Europäischen Union liegt zweifelsohne in Mitteleuropa. Hierbei besitzt Deutschland (bzw. auch Österreich) und das Verhältnis zu seinen Nachbarländern eine besondere Rolle. Nach zwei verheerenden Weltkriegen, die Europa in Schutt und Asche legten, setzte sich in Deutschland und seinen Nachbarländern endgültig die Erkenntnis durch, dass nur die europäische Integration weitere schwerwiegende Konflikte in Europa vermeiden lassen kann. Die auf nationalen Konzepten basierende politische Ordnung Europas wurde als Wurzel des Übels angesehen; wodurch das Streben nach einer staatenübergreifenden Lösung entstand (vgl. SCHMUCK, O. (2003): 6).

Das konnte primär durch Überwindung bestehender, teilweise Jahrhunderte alter Feindschaften, erreicht werden. Das betraf v.a. das Verhältnis zwischen Frankreich und Deutschland. Dabei beschleunigte der sich nach dem 2.WK vollziehende West-Ost-Gegensatz, die zuerst rein westeuropäische Integration. Viele Integrationsschritte fallen mit wichtigen Spannungsereignissen im Kalten Krieg zusammen (vgl. KREIS, G. (2004): 17-18). Auf die Geschichte der europäischen Institutionen soll hier nicht näher eingegangen werden.

1967 entstand die Europäische Gemeinschaft als Vorläufer der EU durch die Zusammenlegung der Organe der drei Teilgemeinschaften EGKS, EWG und EURATOM (vgl. SCHMUCK, O. (2003): 13). Die Staaten mit ehemals faschistischen Regimen, von denen im letzten Weltkrieg die größte Aggression ausging, nämlich Deutschland (mit Österreich) und Italien, bildeten nun zusammen mit Frankreich und den Beneluxländern die EG. Die West-Ost-Achse wurde durch die zwangsausgeführte Ostblockintegration der MOE-Länder in den sowjetischen Machtblock behindert. Nach Meinung des Verfassers dieser Arbeit, hätte sich die Vergemeinschaftung aus Konsequenz aus den vorherigen Ausführungen, schon sehr viel früher zumindest auf Teile des Ostblocks ausgedehnt, hätte damals der Verlauf des Eisernen Vorhangs Europa nicht in der Mitte geteilt. Sieht man nämlich die Friedenssicherung in Form von Überwindung bestehender Feindschaften als eine wichtige Grundlage der EU an, so hätte man versucht, parallel zur deutsch-französischen, auch die enorme deutsch-polnische Feindschaft zu überwinden. Österreich war als ehemaliger

Teil des deutschen Reiches nicht unter den Gründungsstaaten der EG, weil es sich, um den Abzug der vier Besatzungsmächte zu erreichen und dem Teilungsschicksal Deutschlands zu entgehen, 1955 in einem Staatsvertrag verpflichtete, keine neuen Anschlussversuche zu wagen. Außerdem erklärte es im gleichen Jahr seine „immerwährende Neutralität", v.a. im Hinblick auf die Aufteilung der Welt in zwei gegensätzliche Blöcke (vgl. BIBLIOGRAPHISCHES INSTITUT & F.A. BROCKHAUS (Hrsg.) (2004): „Österreich").

Dieses hier vorgestellte und in vorherigen Punkten legitimierte ureuropäische „Kerneuropa" agierte im Sinne der Aufgabe und Identität der EU auf dem Kontinent als eine Keimzelle für die weiteren Vergrößerungen der EG. Seine Entstehung als selbstverständlich hinzunehmen, wäre jedoch falsch. In den Jahren 1955-60 kam eine neue Grenze innerhalb des Westlagers hinzu; sie manifestierte sich in einem Streit zwischen den 6 Ländern, die eine starke Vergemeinschaftung mit Supranationalität, gemeinsamer Zollpolitik, gemeinsamer Rechtssetzung und einer gemeinsamen Behörde als Aufsichtsorgan erreichen wollten, und den 7 Ländern, die innerhalb der EFTA (European Free Trade Association), Freihandel mit Industriegütern betreiben wollten, ansonsten jedoch selbständig bleiben wollten (vgl. KREIS, G. (2004): 19).

Letztendlich erwies sich aus verschiedenen Gründen das EG-Modell als attraktiver, und so wurde 1957 in den römischen Verträgen festgehalten, dass weitere Staaten zur EG hinzukommen konnten. Diese waren nicht nur „Überläufer" von den Anhängern des EFTA-Modells, sondern auch andere OECD Staaten. Bereits 1973 schlossen sich Großbritannien, Irland und Dänemark der EG an. Gleichzeitig trat zwischen der EFTA und der EG (nachdem mit dem Eintritt Dänemarks und Großbritanniens in die EG diese beiden Länder praktisch aus der EFTA ausgetreten waren) ein enges Kooperationsabkommen in Kraft. Skandinavien wird aus Sicht der „Kontinentaleuropäer" oft als ein relativ einheitlicher Raum gesehen, was bei genauerer Betrachtung jedoch gar nicht der Fall ist, wie PEHLE in einem Aufsatz ausführt. So hat auch Norwegen sowohl 1973, als auch 1995 (Beitritt Finnlands und Schwedens) einen Beitrittsgesuch gestellt. Dieser scheiterte jedoch an innenpolitischen Gegebenheiten und Referenden in diesem Land (vgl. PEHLE, H. (2004): 4-5).

Dieser ersten Erweiterung Europas, die nur so spät eingetreten ist, weil es Streitigkeiten zwischen Frankreich und Großbritannien gab, folgten 1981 die Süderweiterung mit Griechenland, und 1986 mit Spanien und Portugal. Diese alten europäischen Länder sind einige Jahre vor der Erweiterung ihre autoritären Regime losgeworden; durch die Aufnahme in die EG wollte man sie in erster Linie politisch stabilisieren und wirtschaftlich unterstützen.

Wie bei der neuerlichen Erweiterungsrunde, hatte man damals ebenfalls starke Bedenken ob der EU-Tauglichkeit der Beitrittsländer, v.a. im wirtschaftlichen Sinne. Andererseits wurde diese Erweiterung als absolut unumgänglich angesehen (vgl. KREIS, G. (2004): 25). Im Falle Spaniens und Portugals galt der Beitritt zur EU als ein „Befreiungsschlag" gegenüber der Isolation. In Spanien erhofften sich, die auf Unabhängigkeit zielenden Basken, zudem mehr Beachtung ihrer Interessen seitens der EU. Am Beispiel des Baskenlandes und Nordirlands, zeigt sich die im Kap. 2.3 erwähnte Relevanz der Miteinbeziehung verschiedener Minderheiten in den Integrationsprozess, jenseits der rein staatlichen Ebene. Das baskische Volk gilt hierbei als Paradebeispiel, da es ein sehr eigenständiges Volk ist, womöglich das erste Kulturvolk Europas mit der ältesten und völlig eigenständigen Sprache Europas (vgl. MOLDEN, O. (1990): 198-202). Als ein, seit der Bildung des spanischen und französischen Nationalstaates, unterdrücktes, und auf zwei Staatsgebiete verteiltes Volk, ohne staatliche Eigenständigkeit (aber mit bestehendem Autonomiestatus), ist es natürlich ganz besonders empfindlich gegenüber zentralistischen Tendenzen. Dass mit der Demokratisierung der iberischen Halbinsel und ihrer der EU-Mitgliedschaft, die Unterdrückung der Basken ihr Ende gefunden hat, ist unbestritten. Trotzdem gibt es weiterhin starke Tendenzen nach Separation; für nationalistische Politiker des Baskenlandes ist es „unmöglich, dass Entscheidungen, die das baskische Volk betreffen durch eine Zentralregierung in Madrid getroffen werden", wie das Beispiel des Basken-Premiers Ibarretxe zeigt, der eine Abstimmung im spanischen Parlament über die Loslösung seines Landes von Spanien organisiert (vgl. DER SPIEGEL (2005). 128).

Bei der Aufnahme von Österreich, Schweden und Finnland im Jahre 1995 zählten v.a. die Motivationen auf Seiten der Beitrittsländer. So waren die Teilhabe an einem erfolgreichen Projekt, Entbehrlichkeit der neutralen Lage nach dem Zusammenbruch des Ostblocks und Erfahrungen, dass man nur als Mitglied einer gewichtigen Gruppe gehört wird, die ausschlaggebenden Kriterien (vgl. KREIS, G. (2004): 27). Wirtschaftlich waren diese Länder willkommen, da sie in diesem Bereich relativ stark waren (vgl. HAHN, B. (2004): 59).

3.2 Die Osterweiterung

Am 1.Mai 2004 verschob sich die Grenze der Europäischen Union weit Richtung Osten (KARTE EU_ERW). Die EU grenzt seit dem an Russland, Weißrussland, Ukraine, Rumänien, Serbien und Montenegro, sowie Kroatien. Im Jahre 2007 werden nach dem neuesten Stand der Dinge Rumänien und Bulgarien in die EU aufgenommen.

Die Osterweiterung sieht SCHLÖGEL als eine Neokonstituierung Europas, die in den nächsten Jahren und Jahrzehnten, der prägende soziale, politische und kulturelle Vorgang in Europa sein wird (vgl. SCHLÖGEL, K. (2002). Die Bevölkerung der neuen Mitglieder reagierte sehr kontrovers auf den Beitritt, doch die Zustimmungsraten in den nationalen Abstimmungen waren durchgehend sehr hoch (vgl. Abb. 4).

Die neuen Mitglieder sehen sich nun endgültig in Europa angekommen, die jahrzehntelange Spaltung des Kontinents scheint nun überwunden zu sein. Da sich diese Staaten in demokratische, rechtstaatliche Länder mit gut funktionierenden marktwirtschaftlichen Systemen verwandelt hatten, ist der Schritt des EU-Beitritts als eine unabdingbare Konsequenz der europäischen Integration zu sehen. Die Mitgliedschaft leistet einen wichtigen Beitrag zur Sicherung der Stabilität, des Friedens und der Demokratie in den Transformationsländern des ehemaligen Ostblocks. Theoretisch gäbe es langfristig gesehen für die EU-15 auch keine rechtliche Grundlage, diesen Staaten den Beitritt zu verweigern; das würde politisch gesehen die Legitimation der EU untergraben und eine neue Spaltung und Destabilisierung des Kontinents bedeuten. Von demokratischen und pragmatisch denkenden Politikern ist dies folglich nicht gewollt. Problematisch bleiben die Felder der Wirtschaft, der Bekämpfung der Armut und des Minderheitenschutzes. Die Bevölkerung steigt um 20% an (von 379 Mio. auf 453 Mio. Einwohner), das gesamte BIP der EU-Zone jedoch nur um 4,4%. Bei keiner bisherigen Erweiterungsrunde war dieses Verhältnis so ungünstig (vgl. HAHN, B. (2004): 59). Das erhöht die innereuropäischen wirtschaftlichen Disparitäten zusätzlich. Hinzu kommen eventuelle Konflikte mit bisherigen Nettoempfängern, die nun zu Nettozahlern werden.

Den Vorteilen eines gemeinsamen Marktes und freien Waren- und Personenverkehrs, stehen Probleme der Grenzsicherung, Einwanderung, Konkurrenz durch billige Arbeitskräfte, sowie die Frage, ob der bereits schon vor der Erweiterung schwerfällige Verwaltungsapparat, in seiner aktuellen und in Zukunft zunehmenden Größe überhaupt noch arbeitsfähig sein wird (vgl. HAHN, B. (2004): 60). Einer Erweiterung muss ebenfalls eine Vertiefung der EU-Institutionen folgen. Die institutionellen Strukturen, Entscheidungsprozesse und Politikfelder (z.B. Agrar- und Strukturpolitik) müssen sich grundlegenden Reformen unterziehen (vgl. PIEPENSCHNEIDER, M. (2003): 4), ansonsten wird das supranationale Konstrukt „EU" handlungsunfähig. Dies geschieht gegenwärtig mit dem EU-Verfassungskonvent, doch wie problematisch die Annahme einer gemeinsamen Verfassung sein wird, zeigt sich am aktuellen Beispiel Frankreichs, wo die Regierung die Bevölkerung schon beinahe verzweifelt um

Zustimmung zu der Verfassung bittet. Durch die Erweiterung werden die demokratischen Prozesse und die Entscheidungsfindung natürlich noch schwieriger, was deutlich die institutionellen Grenzen Europas hervorhebt.

Im Bereich der Wirtschaft, stellt v.a. der vergleichsweise niedrige BIP/Kopf (vgl. Abb.6), hohe Arbeitslosenquoten, hoher Anteil der in der Landwirtschaft beschäftigten und die Mobilität der Arbeitskräfte, die Union auf die Probe. Zu welchen Konfliktpotentialen in der Bevölkerung v.a. der letzte Punkt führen kann, zeigt die momentane Diskussion in Deutschland über den Zustrom kostengünstigerer Arbeitskräfte aus den MOE-Ländern. So werden bei durchschnittlichen Arbeitskosten in der EU-15 im Jahre 2000 von 22,19 €/Stunde, viele v.a. arbeitsintensive Teile der Wertschöpfung mit Arbeitern aus den neuen Beitrittsländern besetzt, wo zur gleichen Zeit der entsprechende Wert bei 4 €/Stunde lag (vgl. HAHN, B. (2004): 60-61). Die Politik versucht dem nun über eine Verschärfung der Richtlinien zur Dienstleistungsfreiheit entgegenzusteuern.

Während z.B. in Polen die Zustimmung bei der Bevölkerung zur EU ein Jahr nach dem Beitritt gestiegen ist (von etwa 61 auf 74%) (vgl. RZECZPOSPOLITA (2005)), wachsen vielerorts in der EU-15, und v.a. in den die MOEL angrenzenden Ländern, die kritischen Stimmen. So solle sich die EU bei weiteren Erweiterungen „nicht übernehmen", es müsste zuerst die Verwaltungsebene reformiert werden, bevor die Union unfähig werde, sich selbst zu verwalten. Die größten Bedenken bestehen jedoch hinsichtlich der Erfüllung der Beitrittskriterien durch Bulgarien und Rumänien, sowie einer weiteren Überbelastung der Arbeitsmärkte durch noch billigere Arbeitskräfte. Es kann aus objektiver Sicht durchaus angezweifelt werden, ob die beiden Länder die Kriterien tatsächlich erfüllen. Sogar der Staatspräsident Rumäniens hat sich kürzlich kritisch über sein Land geäußert und ihm attestiert, nicht auf die Standards der EU vorbereitet zu sein. Wie weit verbreitet die Korruption ist, und wie sehr mafiöse Strukturen zum Alltag der beiden Kandidaten gehören, konnte man kürzlich in der Presse nachlesen (vgl. DER SPIEGEL (2005): 122-126).

3.3 Grenzen der Erweiterungen – aktuelle „Problemfälle"

Wo die politischen Grenzen der Erweiterung der EU liegen, zeigt sich an der aktuellen Diskussion über den Beitritt der Türkei zur EU, sowie am Bestreben der Ukraine, v.a. nach den neuesten politischen Umbrüchen, eine Vollmitgliedschaft zu erreichen. Doch sollte man mit der Ukraine Beitrittsgespräche führen, dann darf man Weißrussland ebenfalls nicht ausgrenzen, denn es ist davon auszugehen, dass das autoritäre Regime von Alexander

Lukaschenko, ähnlich wie in der Ukraine, eines Tages ebenfalls durch ein tatsächlich demokratisches System abgelöst wird.

Die Türkei gilt seit Ende des 2.WK als eine Art „Bollwerk" des freien Westens gegen den Kommunismus, arabische Diktaturen, sowie fundamentalistisch-islamische Regime. Deswegen wurden dem Land seit dieser Zeit umfangreiche Wirtschaftshilfen gewährt. Die Türkei war 1948 Gründungsmitglied der Organisation für Wirtschaftliche Zusammenarbeit in Europa (OECD), ist 1949 in den Europarat aufgenommen worden und ist seit 1952 Mitglied der NATO (vgl. STRUCK, E. (2003): 4). Sie bemüht sich schon seit der Gründung der EWG 1959 um eine Mitgliedschaft in dieser und der späteren EG, ein formeller Beitrittsantrag zur EU wurde bereits 1987 gestellt (vgl. LIPPERT, B. (2003): 45). So gesehen ist der Wille der Türkei in die EU aufgenommen zu werden, nicht erst ein Phänomen, das mit der Osterweiterung aufgetreten ist. Doch während man anderen Ländern feste Beitrittstermine zusichert, wird die Türkei immer wieder vertröstet; man verzögert stets den Beginn der Beitrittsverhandlungen. Es ist ein Streit entbrannt, ob die Türkei überhaupt zu Europa gehöre; die Diskussion wird hierbei jedoch meist sehr emotional geführt, teilweise werden durch Politiker v.a. konservativer Ausrichtung gezielt Ängste in der Bevölkerung geschürt, um eine sachliche Debatte gar nicht erst aufkommen zu lassen. Die politische Haltung in Deutschland zu dieser Frage ist momentan klar verteilt: die rot-grüne Regierung, sowie die FDP sprechen sich für einen Beitritt aus, die konservative Opposition dagegen (stattdessen Konzept einer „privilegierten Partnerschaft"). Europaweit verlaufen diese Fronten ähnlich.

Auch wenn die Türkei politisch (v.a. in den Fragen der Stabilität des Rechtstaates, der Menschenrechte und der Behandlung der kurdischen Minderheit), und wirtschaftlich aufnahmefähig wäre, stellt sich den Verantwortlichen in der EU primär die Frage, ob diese Land überhaupt ein Teil Europas sei und hier gehen die Meinungen weit auseinander. Für Valery GISCARD d'ESTAING, der Präsident des Europäischen Konvents ist, gehört die Türkei eindeutig nicht zu Europa, sie sei grundsätzlich anders und ihre Aufnahme würde das Ende der Union bedeuten. Ähnlich sieht es auch der ehemalige Bundeskanzler Helmut SCHMIDT (vgl. KREIS, G. (2004): 101-102). Es wird davon gesprochen, dass das Land im europäischen Zivilisationsprojekt keinen Platz habe, weil es als islamisches Land nicht die christlichen Werte teile (vgl. KREIS, G. (2004): 104), doch wie legitimiert sich diese Argumentation, v.a. im Hinblick auf das einzige Land der islamischen Kulturwelt, dem die Trennung von Religion und Staat überzeugend gelungen ist (vgl. KÜHNHARDT, L.; PÖTTERING, H.-G. (1998): 170).

Hierbei darf man die Wurzeln der türkischen Republik nicht übersehen, denn seit ihrer Gründung durch ATATÜRK 1923, versucht die Politik seit mehr als über 70 Jahren die Türkei zu einem westlich-europäischen, demokratischen und säkularen Land zu formen (vgl. STRUCK, E. (2003): 6). Ein Beitritt der Türkei könnte eine Chance sein, diese labile Region zu stabilisieren und den islamischen Radikalismus, über das Konzept eines liberaleren „Euro-Islams" einzudämmen. Hinzu kommen wirtschaftliche Kriterien, denn die Türkei ist ein riesiger Markt, wäre aber mit knapp 70 Millionen Einwohnern (bei hohem Bevölkerungswachstum) ein Schwergewicht in der EU, so dass sie deren Charakter nachhaltig verändern könnte. Die unsachlich und emotional geführte Diskussion ist jedoch alles andere als konstruktiv, und gefährdet sowohl die Glaubwürdigkeit der EU, als auch das Verhältnis zu den Türken, die ja auch zahlreich in der EU leben und arbeiten (die meisten davon in Deutschland). Nach Meinung des Verfassers dieser Ausführungen, sollte man nach tiefgehenden Reformen der EU-Verwaltung, der Türkei anhand der selben Beitrittskriterien, die für die MOEL gelten, eine Möglichkeit des EU-Beitritts eröffnen. Seit dem Ende des osmanischen Reiches ist dieses Land stark europäisch ausgerichtet und könnte als Brücke zwischen Europa und der islamischen Welt agieren. Das ist v.a. im Hinblick auf die zunehmende Radikalisierung sowohl der muslimischen Seite als auch der liberalen, vielerorts christlichen „westlichen Zivilisation", dringend notwendig. Eine emotional aufgeladene Diskussion, sowie der Versuch einer dauerhaften Etablierung von Feindbildern, sind nicht minder überflüssig und problematisch, als eine komplette Ignoranz und Verwässerung aller mit dem Beitritt verbundener Probleme und Risiken.

Ein weitere Herausforderung stellt für die EU gerade die Ukraine dar, die sich nach der Staatskrise im letzten Jahr von einem neo-sowjetischen zu einem demokratischen Land wandelt. Die EU beteuert zwar, der Ukraine stets eine klare Perspektive geboten zu haben und die Türen vor der Ukraine nie verschlossen zu haben, doch dies ist angesichts der EU-Politik gegenüber der Ukraine sehr fraglich (vgl. SCHNEIDER-DETERS, W. (2005): 50-51). Die Standortbestimmung der Ukrainer war in der Vergangenheit sehr zwiespältig, da dieses Volk noch mehr als Polen zwischen Ost und West „zerrieben" wurde (vgl. MOLDEN, O. (1990): 96), was aber nun durch klare Aussagen der Politiker und Teilen der Bevölkerung, sowie der Bilder, welche die Welt während der „Orangenen Revolution" erreichten, die Tendenz Richtung EU angenommen hat. Das Problem des ukrainischen Volkes ist, dass es zweigeteilt ist. Der Westteil des Landes ist traditionell Europa zugewandt und unterhält enge Beziehungen mit Polen, während der Osten stark Richtung Russland tendiert.

Hier lebt auch eine große russische Minderheit. Diese Zwiespältigkeit hätte theoretisch das Potential das Land zu spalten und innenpolitisch zu destabilisieren. Der Beitritt Polens und der Slowakei zur EU verschärfte die geopolitische Situation des Landes, da seine Westgrenze gleichzeitig zur Schengengrenze der EU wurde. Die starken Verflechtungen v.a. wirtschaftlicher Natur zwischen dem östlichen Grenzland Polens und Westteilen der Ukraine, sowie Weißrusslands, sind seit der Verschärfung der Grenzbestimmungen (z.B. stärkere Kontrolle des Grenzverkehrs) und der Einführung einer Visapflicht, praktisch zum Erliegen gekommen. Die Ostgrenze der EU wurde von vielen bereits als ein neuer „Eiserner Vorhang" gesehen, was vielleicht übertrieben ist, jedoch deutlich die Beziehungsintensität zwischen den betroffenen Ländern dämpft. Ein wichtiger Akteur in der Annäherung zwischen der Ukraine und der EU ist Russland, welches bestrebt ist seinen Einfluss auf diese Länder nicht zu schmälern.

Die europhilen Kreise in der Ukraine empfinden den Beitrittsprozess mit der Türkei als einen Affront. So werden der europäischen Ukraine (oder „halbeuropäisch" wie bei MOLDEN, vgl. Abb.3) nur unverbindliche Gespräche über eine Assoziierung verweigert, während mit der „nichteuropäischen" Türkei Beitrittsverhandlungen geführt werden, wobei ein Eintritt der Ukraine in die EU und die Integration der Bevölkerung als leichter angesehen werden als im Falle der Türkei (vgl. SCHNEIDER-DETERS, W. (2005): 55-56).

Egal wie die EU zukünftig ihre Position gegenüber der Ukraine definiert: sie muss konkret und auf nachvollziehbare Weise dem diesem Land gegenüber Stellung beziehen. Kommt Europa zu dem Schluss, dass ihre Grenzen weiter als in Ostpolen liegen, muss sie der Ukraine eine vernünftige Integrationsperspektive liefern.

Der Prozess der Gründung und Erweiterung der EU, ist in der Abb.5 zusammengefasst

4   Schlussbetrachtung

Die vorliegende Arbeit setzt sich mit der Thematik auseinander, wo Europas Grenzen liegen und inwiefern die Europäische Union mit dieser Frage verflochten ist. In den Wissenschaften von Geographie, über Geschichte bis Politik wird diese Problemstellung aus verschiedensten Perspektiven und in zahlreichen Quellen erläutert und abgehandelt. Diese Arbeit versucht zur Erläuterung der Thematik, einige dieser zahlreichen Materialien zur Hilfe zu nehmen und sich kritisch mit den Meinungen auseinander zu setzen. Das Ziel ist hierbei kein definitives, auf Festsetzung beruhendes Ergebnis; es wird vielmehr vermittelt, dass die Frage der Grenzen stets eine Frage der Perspektive und der Betrachtungsbasis ist. Die Grundlage der Ausführungen ist hierbei ein Konzept der Gliederung in physisch-geographische, geschichtliche, kulturelle und weitere identitätsstiftende Merkmale. Darüber hinaus wird das innere Gefüge Europas betrachtet, sowie die Rolle der EU für Europa beleuchtet, wobei die EU weniger als ein statisches Konstrukt, sondern vielmehr als ein Prozess gesehen wird.

In diesem Sinne liefert die vorliegende Arbeit einen Überblick über ein Thema, welches auch in Zukunft für jeden Europäer eine wichtige Rolle spielen wird.

Literaturverzeichnis

BÄR, O. (1977): *Geographie Europas.* Zürich

BARRENTO, J. (1991): *Portugal in Europa. Ein doppelköpfiger Janus.* (=Text & Kontext, Band 29). Kopenhagen.

BIBLIOGRAPHISCHES INSTITUT & F.A. BROCKHAUS (Hrsg.) (2002): *Der Brockhaus in einem Band.* Mannheim.

BIBLIOGRAPHISCHES INSTITUT & F.A. BROCKHAUS (Hrsg.) (2004): *Der Brockhaus Geschichte.* Mannheim.

DER SPIEGEL (2005): „Zweigleisiges Produkt". Heft 15/2005, S.128.

DER SPIEGEL (2005): „Augen zu und durch". Heft 16/2005, S.122-126.

DUCHARDT, H. (2000): „Europa Diskurs und Europa-Forschung. Ein Rückblick auf ein Jahrhundert". In: Institut für Europäische Geschichte, Mainz (Hrsg.): *Jahrbuch für europäische Geschichte*, Bd.1, München, S.1-14.

EUROPÄISCHE GEMEINSCHAFTEN (Hrsg.) (1995-2005): *Europa.* (= Website der Europäischen Union). URL: http://europa.eu.int. Abrufdatum: 15.04.2005.

EUROPÄISCHE GEMEINSCHAFTEN (Hrsg.) (1995-2005): *Eurostat.* (= Website des Statistischen Amtes der Europäischen Gemeinschaften). URL: http://epp.eurostat.cec.eu.int. Abrufdatum 16.04.2005.

EUROPÄISCHER KONVENT (Hrsg.) (2003): *Vertrag über eine Verfassung für Europa (Entwurf).* Brüssel.

GEIGER, M. (1997): „Europas Grenzen – grenzenloses Europa". In: *Praxis Geographie,* Heft 10, S.4-11.

HAHN, B. (2004): „EU-25 – Chancen und Risiken der Erweiterung auf 25 Mitgliedsländer". In: *Geographische Rundschau* 56, Heft 4, S.59-62.

HALECKI, O. (1957): *Europa. Grenzen und Gliederung seiner Geschichte*. Darmstadt.

HEIDELBERGER INSTITUT FÜR INTERNATIONALE KONFLIKTFORSCHUNG (HIIK) (2003): *Konfliktbarometer – Europa*. URL: http://www.hiik.de/de/index_d.htm. Abrufdatum: 16.04.2005.

HOFFMANN, G.W. (1961): *A Geography Of Europe*. London.

JAWORSKI, R. (1991): „Ostmitteleuropa – Versuch einer historischen Spurensicherung". In: *Geographische Rundschau* 43, Heft 12, S.692-697.

KREIS, G. (2004): *Europa und seine Grenzen*. Bern.

KÜHNHARDT, L.; PÖTTERING, H.-G. (1998): *Kontinent Europa. Kern Übergänge, Grenzen*. Zürich

LEHMANN, H. (1978): *Europa*. München.

LIPPERT, B. (2003): *Auf dem Weg in eine größere Union* (=Informationen zur politischen Bildung, Nr.279). München.

MOLDEN, O. (1990): *Die Europäische Nation*. München.

PEHLE, H. (2004): „Skandinavien, der ‚Kontinent' und die europäische Integration". In: *Geographische Rundschau* 56, Heft 2, S.4-8.

PIEPENSCHNEIDER, M. (2003): *Die Union zu Beginn des 21.Jahrhunderts* (=Informationen zur politischen Bildung, Nr.279). München.

REHDER, P. (Hrsg.) (1992): *Das neue Osteuropa von A-Z*. München.

RZECZPOSPOLITA (2005): „W Unii nam się podoba – Europejski barometr 'Rzeczpospolitej'". Ausgabe 101/2005. Online unter: http://www.rzeczpospolita.pl/gazeta/wydanie_ 050430/index.html. Abrufdatum: 30.04.2005.

SCHENK, W. (1995): „Mitteleuropa – typologische Annäherungen an einen schwierigen Begriff aus der Sicht der Geographie". In: *Europa Regional* 3, Heft 4, S.25-36.

SCHLÖGEL, K. (2002): *Die Mitte liegt ostwärts. Europa im Übergang*. München.

SCHMALE, W. (2000): *Geschichte Europas*. Wien.

SCHMUCK, O. (2003): *Motive, Leitbilder und Etappen der Integration* (= Informationen zur politischen Bildung, Nr.279). München.

SCHNEIDER-DETERS, W. (2005): „Die palliative Ukrainepolitik der EU". In: *Osteuropa*, Heft 1/2005, S.51-64.

SCHOLZ, D. (1999): *Abenteuer Europa: Geschichte und Identität Europas – Aufgaben und Probleme der Europäischen Union*. Münster.

SCHOLZ, D. (1996): *Europa. Vom Mythos zur Union*. Berlin.

STRUCK, E. (2003): „Die Türkei im Brennpunkt amerikanischer und europäischer Geopolitik". In: *Geographische Rundschau* 55, Heft 4, S.4-9.

TIBI, B. (1996): *Europa ohne Identität? Die Krise der multikulturellen Gesellschaft*. München.

VON BARATTA, M. (Hrsg.) (2003): *Der Fischer Weltalmanach 2004*. Frankfurt a.M.

Anhang

Abb.1:Aufteilung Europas aus der Sicht eines US-amerikanischen Geographen 1961.

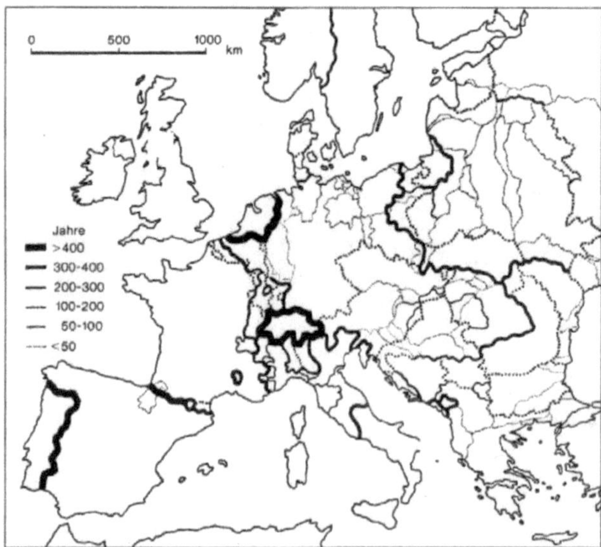

Abb.2: Beständigkeit politischer Grenzen in Europa.

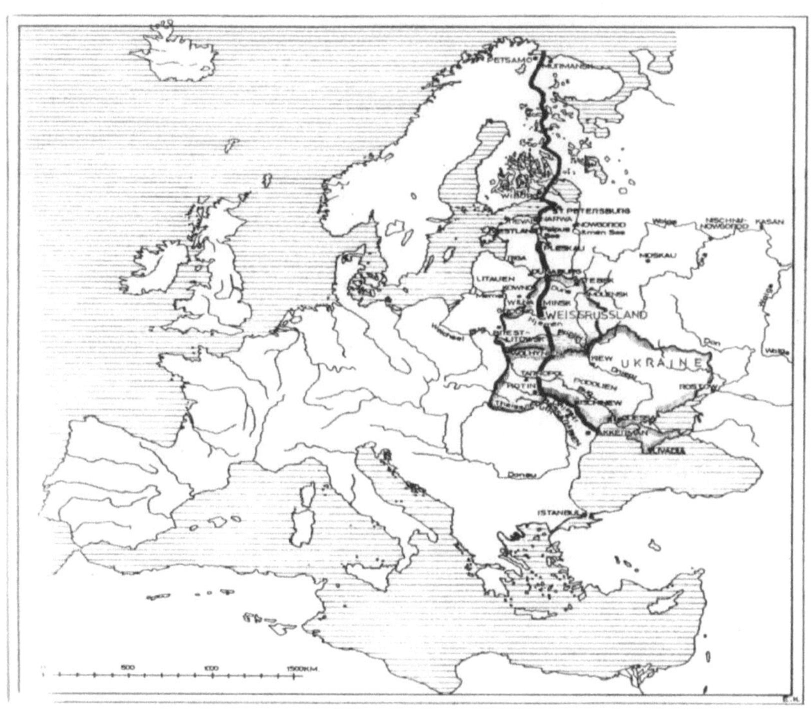

Abb.3: Grenzlinie des geistigen, politischen und religiösen Einflusses der europäischen Völker im Osten nach MOLDEN.

Nationale Abstimmungen über den EU-Beitritt: Ja-Stimmenanteile

9. Februar	Slowenien	89,6 Prozent
8. / 9. März	Malta	53,6 Prozent
12. April	Ungarn	83,8 Prozent
10. / 11. Mai	Litauen	89,9 Prozent
16. / 17. Mai	Slowakei	92,5 Prozent
7. / 8. Juni	Polen	77,5 Prozent
13. / 14. Juni	Tschechien	77,3 Prozent
14. September	Estland	66,9 Prozent
20. September	Lettland	67,0 Prozent

Abb.4: Nationale Abstimmungen über den EU-Beitritt der 10 neuen Kandidaten (außer Zypern), Anteile der Ja-Stimmen.

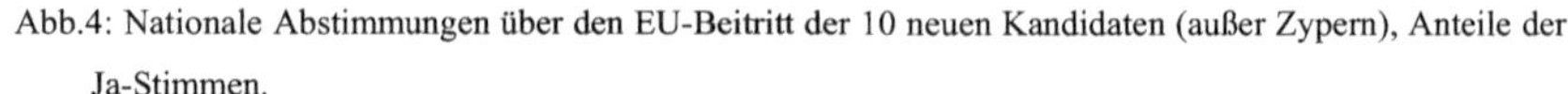

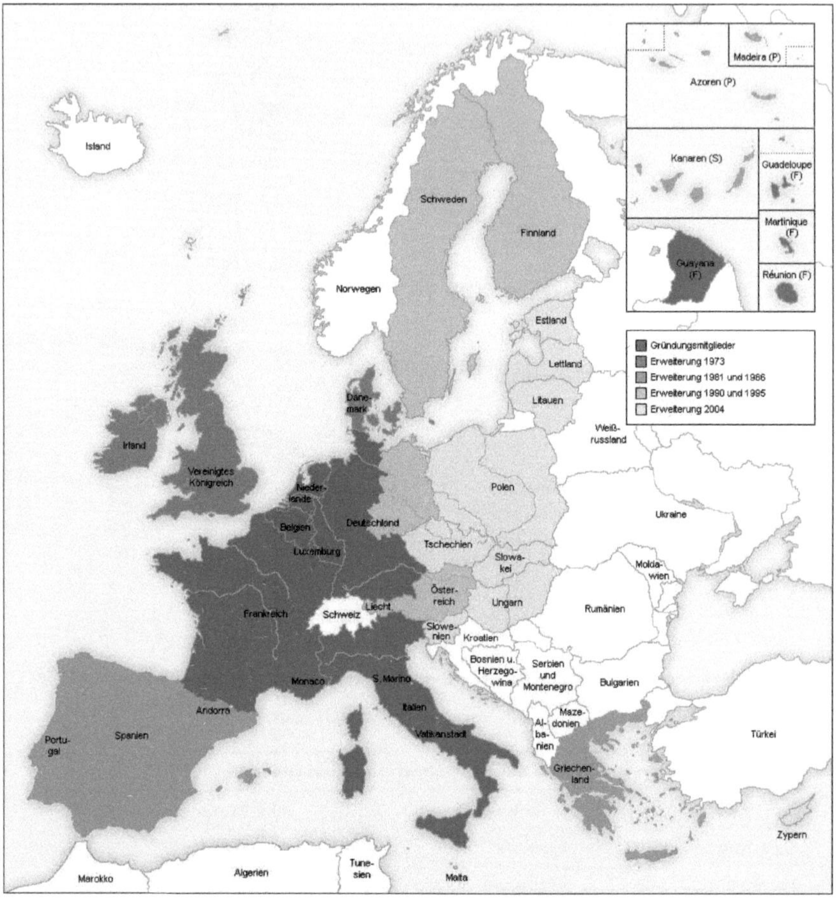

Abb.5: „Europa als Prozess“: Gründungsmitglieder und Beitrittsrunden

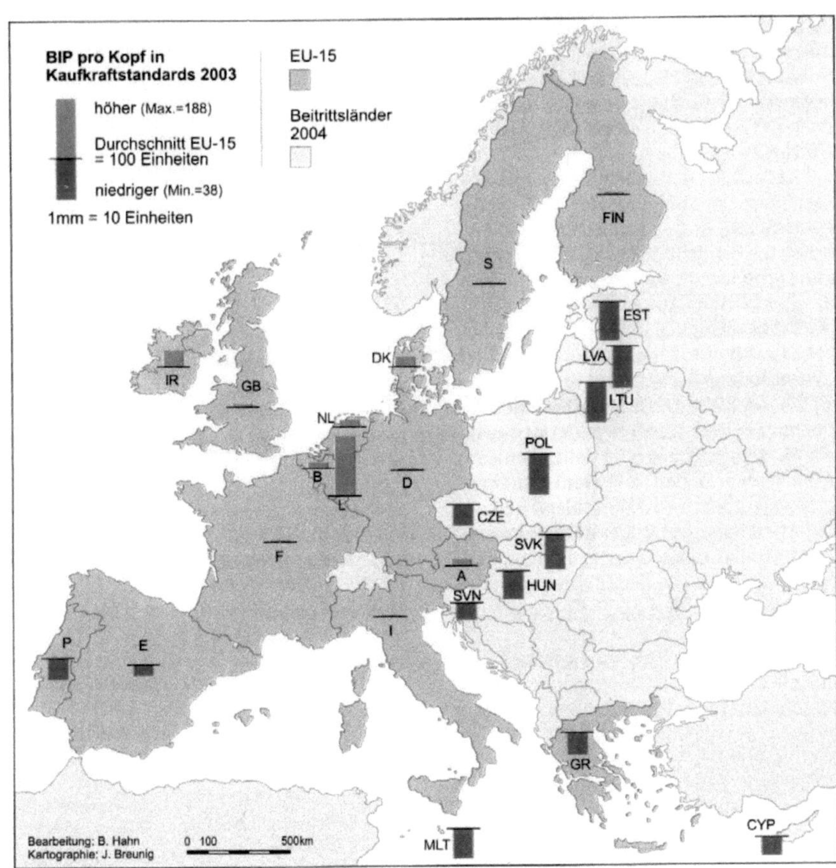

Abb.6: Wohlstandsverteilung in den Mitglieds- und Beitrittsländern 2003